Zeropédia
DARGAUD 2018, by Fabcaro & Solé
www.dargaud.com
All rights reserved

Korean translation Copyright ⓒ 2020 Book's Hill
Arranged through Icarias Agency, Seoul

이 책의 한국어판 저작권은 Icarias Agency를 통해
Mediatoon Licensing과 독점 계약한 도서출판 북스힐에 있습니다.
저작권법에 의하여 한국 내에서 보호를 받는 저작물이므로 무단전재와 복제를 금합니다.

차례

적외선이란 무엇일까?	6
선사시대 사람들은 왜 동굴 벽에 그림을 그렸을까?	8
지휘자는 왜 필요할까?	10
아르키메데스의 부력은 무엇일까?	12
블랙홀은 무엇일까?	14
동물들의 공생이란 무엇일까?	16
점묘주의란 무엇일까?	18
우주의 팽창이란 무엇일까?	20
동종요법이란?	22
로제타석이란?	24
전자레인지는 어떻게 음식을 데울까?	26
여름잠을 자는 동물도 있을까?	28
정전기는 왜 일어날까?	30
라르센 효과란?	32
라자르 분류군이란?	34
모아이 석상이란?	36
육식을 하는 식물도 있을까?	38
절대온도 0이란 무엇일까?	40
퐁생테스프리 사건이란?	42
입자 가속기란 무엇일까?	44
신기루란 무엇일까?	46
복어는 어떤 물고기일까?	48
움직이는 돌은 정말 있을까?	50
바이오소나란 무엇일까?	52
만유인력이란 무엇일까?	54
로즈웰 사건이란?	56

동물 비란 정말 있을까?	**58**
나스카의 지상화는 누가 그렸을까?	**60**
동물들의 의태란 무엇일까?	**62**
집먼지는 어디에서 올까?	**64**
반물질이란 무엇일까?	**66**
플라시보 효과란?	**68**
홍게들은 왜 대이동을 할까?	**70**
지구중심설은 어떻게 등장했을까?	**72**
자기 감지를 할 수 있을까?	**74**
판스페르미아란?	**76**
세렌디피티는 어떤 현상을 말하는 걸까?	**78**
리토폰이란?	**80**
연금술이란 무엇일까?	**82**
침술이란 무엇일까?	**84**
파레이돌리아란?	**86**
전기물고기는 어떻게 전기를 만들어낼까?	**88**
극저온학이란?	**90**
인체 자연발화란?	**92**
완보동물은 어떤 동물일까?	**94**
스탕달 증후군이란?	**96**
트랜스휴머니즘이란?	**98**
디오게네스는 누구일까?	**100**
인간도 생체발광을 할 수 있을까?	**102**
곤충들의 영양교환이란?	**104**
와우 신호란 무엇일까?	**106**
테라포밍이란 무엇일까?	**108**

적외선이란 무엇일까?

선사시대 사람들은 왜 동굴 벽에 그림을 그렸을까?

지휘자는 왜 필요할까?

아르키메데스의 부력은 무엇일까?

블랙홀은 무엇일까?

동물들의 공생이란 무엇일까?

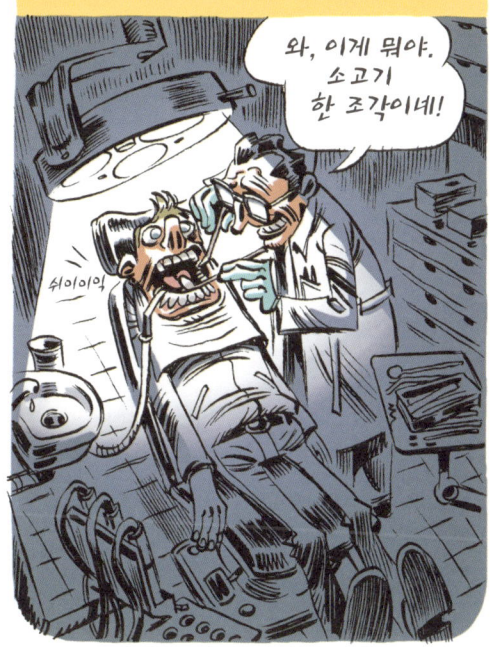

점묘주의란 무엇일까?

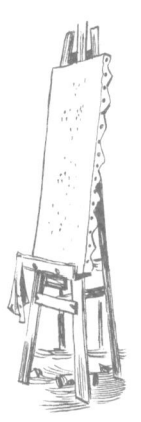

우주의 팽창이란 무엇일까?

* 우주 공간 전체에 고루 퍼져있는 전자기 복사이자 화석 방사선을 뜻한다.

동종요법이란?

* C 단위는 우리나라에서는 잘 쓰이지 않지만 외국에서 동종요법의 약이 희석된 정도를 나타내는 단위로, 원재료 상태에서 1/100으로 한 번 희석했다는 것을 의미한다.

로제타석이란?

전자레인지는 어떻게 음식을 데울까?

여름잠을 자는 동물도 있을까?

* 동면, 즉 겨울잠의 반대말이다.

정전기는 왜 일어날까?

라르센 효과란?

* 피드백(feedback)으로도 불린다.
** SΦren Larsen

라자르 분류군이란?

모아이 석상이란?

육식을 하는 식물도 있을까?

절대온도 0이란 무엇일까?

퐁생테스프리 사건이란?

입자 가속기란 무엇일까?

신기루란 무엇일까?

복어는 어떤 물고기일까?

움직이는 돌은 정말 있을까?

바이오소나란 무엇일까?

* 바이오소나(Bio Sonar). 반향정위(Echo localization)라고도 한다.

만유인력이란 무엇일까?

로즈웰 사건이란?

동물 비란 정말 있을까?

나스카의 지상화는 누가 그렸을까?

동물들의 의태란 무엇일까?

집먼지는 어디에서 올까?

반물질이란 무엇일까?

* 양전자는 전자의 반물질이다.

플라시보 효과란?

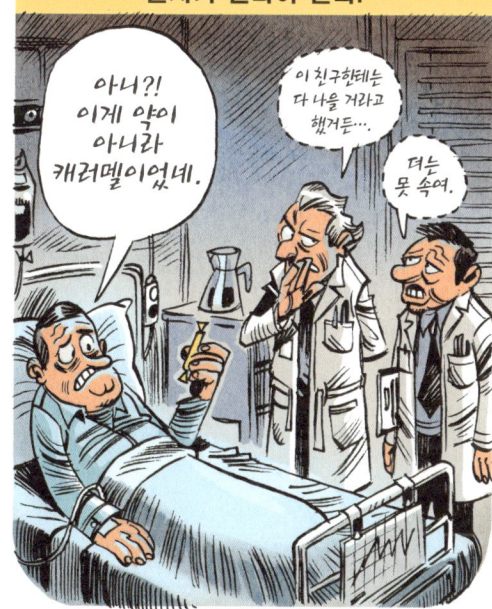

홍게들은 왜 대이동을 할까?

지구중심설은 어떻게 등장했을까?

자기 감지를 할 수 있을까?

판스페르미아란?

세렌디피티는 어떤 현상을 말하는 걸까?

리토폰이란?

연금술이란 무엇일까?

침술이란 무엇일까?

* 귓불 뒷부분의 혈자리.

파레이돌리아란?

전기물고기는 어떻게 전기를 만들어낼까?

극저온학이란?

인체 자연발화란?

완보동물은 어떤 동물일까?

* 판스페르미아.

스탕달 증후군이란?

트랜스휴머니즘이란?

디오게네스는 누구일까?

인간도 생체발광을 할 수 있을까?

곤충들의 영양교환이란?

와우 신호란 무엇일까?

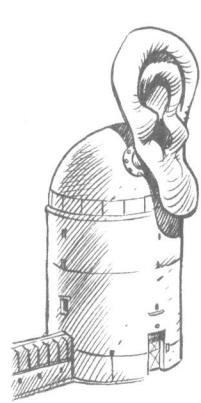

테라포밍이란 무엇일까?

팝카로 FABCARO

본명은 파브리스 카로다. 1973년 몽펠리에서 태어났다. 물리학 학사를 취득하고 교사양성 전문대학원(IUFM)에서 수학하던 중, 좋아하던 그림과 스토리 작가에 빠져 학업을 중단하였다. 1998년에 〈Le Coca'zine〉로 처음 데뷔해 이후 수많은 잡지에 꾸준히 연재 활동을 펼쳤다. 줄리앙 솔레와 〈Science et Vie junior〉에 'Zéropédia'라는 제목으로 한 페이지짜리 만화를 매월 게재하고 있다.

줄리앙 솔레 JULIEN SOLÉ

Julien/CDM이라는 이름으로도 활동하고 있다. 만화가 장 솔레의 아들이다. 1971년에 몽트레유에서 태어났으며, 고등학교 때 만화 동호회지를 만들었다. CDM은 이 동호회지 〈Chiures de monde〉의 약자이다. 이를 시작으로 만화 활동을 시작해 현재 여러 시나리오 작가들과 교류하며 장르를 넘나드는 다양한 작품 활동을 하고 있다. 〈La Revue dessinée〉, 〈Fluide glacial〉, 〈Tecnhikart〉 등의 잡지에 정기적으로 작품을 연재하고 있다.

김병배

이학박사. 자연과학을 공부하고 강의와 번역에 전념하고 있다.

알아두면 언젠가는 쓸모 있는 과학상식

지은이 팝카로
그린이 줄리앙 솔레
옮긴이 김병배
펴낸이 조승식
펴낸곳 BH balance & harmony
공급처 북스힐
등록 1998년 7월 28일 제22-457호
주소 01043 서울시 강북구 한천로 153길 17
전화 (02) 994-0071
팩스 (02) 994-0073
이메일 bookshill@bookshill.com
홈페이지 www.bookshill.com
초판 인쇄 2020년 10월 10일
초판 발행 2020년 10월 15일
ISBN 979-11-5971-298-2
정가 16,000원

BH balance & harmony는 ㈜도서출판 북스힐의 그래픽 노블 임프린트입니다.

* 잘못된 책은 구입하신 서점에서 바꿔 드립니다.